ハシブトガラス

（『みぢかなとり』20 ページ）

カラスの　なかまは、せかい中に　います。
はし（くちばし）が　ふといのが、ハシブトガラス、
ほそいのが　ハシボソガラスです。

監修のことば

鳥のくちばしを見るたびに、その形や動きのふしぎさに感動します。ときには、理解できないような変な形に、頭をひねってしまいます。

くちばしの先が食いちがっていたり、下のくちばしのほうが長かったり、上や下のほうへ曲がっていたり……。「どうしてそんな形をしているの？」と鳥に聞きたくなることもあります。もちろん鳥は答えてくれないので、自分で想像するしかありません。

想像するといっても、研究者の場合は科学的に考えます。遠い昔から、たくさんの研究者が、なぞを解こうとしてきました。そして、それは今も続けられています。

研究者の多くは、くちばしの形は、進化の結果だと考えています。えさをとりやすいとか、メスに好かれやすいとか、体温調節に役立つなど、生きたり、子孫を残したりするのに有利なくちばしの形が、気の遠くなるような長い時間の中で選ばれたと考えているのです。選ばれたといっても、それは、偶然の積みかさねで選ばれてきました。もしかしたら、もっとよいくちばしをもった鳥が遠い昔にいたかもしれませんが、偶然生き残れなかっただけなのかもしれません。

そんなふうに、この本で紹介した鳥の、さまざまなくちばしの形を見ながら、その役割やはたらきや進化について、いろいろと考えてみてはどうでしょうか？

そして、ふしぎなくちばしの鳥たちにとって大切な環境が、じつは私たち人間にとっても大切なのだということに気づいてもらえれば、とてもうれしいです。

村田浩一（むらた こういち）

1952(昭和27)年、神戸市生まれ。宮崎大学農学部獣医学科卒業。博士(獣医学)。
日本大学生物資源科学部教授。よこはま動物園ズーラシア園長。
1978年から23年間、神戸市立王子動物園に獣医師として勤務。動物の治療を行うと共に、野生動物の病気に関する研究や、希少動物の繁殖・野生復帰に関する研究を進めてきた。現在は、大学の教授と共に動物園の園長も兼務し、楽しく学べる動物園を目指して活動している。また、失われつつある生物多様性の保全に貢献するため野生動物を科学的に探究。獣医学や地球環境科学の観点から、健全な生態系のあり方や、環境と動物との関係についても研究している。
主な編著監修書に『動物園学入門』（朝倉書店）、『動物園学』（文永堂出版）、『獣医学・応用動物科学系学生のための野生動物学』（文永堂出版）、『検定クイズ100 動物 (ポケットポプラディア)』（ポプラ社）、『それゆけどうぶつ』(ぱすてる書房)、『どうぶつえんにいこう』(文渓堂)などがある。

くちばしのずかん

みぢかなとり

村田浩一 ● 監修

スズメ
メジロ
カラス
ほか

金の星社

とりは、せかい中の
いろいろな　ばしょに　すんで　います。
この　本では、まちなどに　すむ　とりや、人に　かわれて　いる
とりたちの　くちばしの　ひみつを　しょうかいします。

大きな口を
あけた
ツバメの
ひなたち

おやの　あとを
およぐ　カルガモの
ひなたち

オーストラリアに
すむ　やせいの
セキセイインコ

みじかくて、ふとくて　とがった　くちばしです。
なにかを　くわえて　いるようですね。

なんの　くちばしでしょう？

草の　たねを　くわえた　スズメ

スズメの　くちばしです。スズメは、日本では　ほとんどが
人の　いえの　ちかくに　すんで　います。

スズメは、草の　たねや　虫などを
たべます。ふとくて　とがった
くちばしは、たねの　からを
むいたり、くだいたり　して
たべるのに　むいて　います。
まちでは、いえの　とぶくろの　中や
みちの　はいすいこうなど、いろいろな
ばしょを　すと　して　りよう　します。
ちょうど　よい　あなを　見つけると、
かれ草などを　くちばしで　くわえて
中に　はこびこみ　すに　します。

すの　ざいりょうを　はこびこむ　スズメ

ほそくて　すこし　ながい　くちばしです。
くちばしに　花ふんが　ついて　いる　ようですね。

なんの　くちばしでしょう？

花の　みつを　なめる　メジロ

メジロの　くちばしです。
「目」の　まわりが　「白」いので、「メジロ」と　名づけられました。

メジロは、花の　みつが　大すきです。くちばしが　ほそながく、
したの　先が　ブラシのように　なって　いるので、花の　おくに　ある
みつを　じょうずに　なめとる　ことが　できます。
くちばしの　まわりに　花ふんを　つけて　ほかの　花に　はこぶので、
花に　とっては　たねが　できるのに　やくだちます。
ほそながい　くちばしで、木の　みや　虫も　たべます。

ほそくて　ながい　くちばしです。
木の　みを　くわえて　いますね。

なんの　くちばしでしょう？

木の　みを　たべる　ヒヨドリ

ヒヨドリの　くちばしです。
ヒヨドリは、ほそい　くちばしで、木の　みや　虫などを　たべます。

ヒヨドリは、いぜんは、はるから　なつは
山に　いて、あきから　ふゆは　へいちに
おりて　きたり、さむく　なると、きたから
みなみへ　わたったり　する　とりでしたが、
いまでは　一年中　まちに　いる　ものが
おおく　なりました。
ホバリング（いちを　かえずに　とぶ　こと）
して、花の　みつを　なめとる　ことも
あります。ヒヨドリは　くちばしが
ほそながく、したの　先が　ブラシのように
なって　いるので、花の　みつを
なめるのに　むいて　います。

ホバリングして　花の　みつを　なめる　ヒヨドリ

ふとくて　みじかく、先(さき)が　とがった　くちばしです。
くちばしの　ねもとに　いろが　ついて　いますね。

なんの　くちばしでしょう？

セキセイインコ

セキセイインコの　くちばしです。
やせいの　セキセイインコは、
オーストラリアに　すんで　います。
かわれて　いる　とりは、人（ひと）が
そだてて　ふやした　ものです。

すの　中（なか）の　メスに　えさを　あたえる　オス

くちばしの　ねもとに　いろが　ついて　いるのは、はなの　ぶぶんです。その　いろは、
やせいの　おとなは　ふつう　オスは　青く、メスは　うすい　ちゃいろです。
ふとくて　先が　とがった　くちばしで、草の　たねを　たべます。
やせいの　セキセイインコの　すは、木の　あなの　中です。たまごは　メスが
あたためます。オスは、たまごを　あたためて　いる　メスに　えさを　はこび、
くちばしから　くちばしへ、えさを　わたします。
さばくに　すんで　いますが、大きな　むれで　みずばに　あつまり、水を　のみます。

みずばに　あつまる　やせいの　セキセイインコ

はは ないけれど したは ある

とりには　くちばしが　ありますが、はは　なく、
いろいろな　かたちの　したが　あります。

ハトは、かたい　みでも、
かまずに　のみこみます。
いが　２つあり、２つめの
いの　中には、すなや　小石が
入って　います。のみこんだ
ものは、よく　うごく
２つめの　いの　中で
すなや　小石で
こまかく　します。

ハトの　からだの　中の　ようす

メジロなど　花の　みつを
すう　とりは、ほそながい
くちばしと　ながい　したを
もって　います。したの
先は　ブラシのように
なって　いて　この　したで
花の　みつを　なめとります。

花の　みつを　なめる　メジロ

くるみを　たべる
スミレコンゴウインコ

インコや　オウムは、ゆびのように　よく
うごく　したを　もって　います。
くちばしで　かたい　からを　わり、中み
を　たべるのにも　つかいます。

みじかくて　先(さき)が　とがった　くちばしです。
くちばしの　上(うえ)に　とさかが　見(み)えますね。

なんの　くちばしでしょう？

えさを　食べる　ニワトリ

ニワトリの　くちばしです。
とさかが　大きいのは　オスです。

ニワトリは、たまごも　にくも　おいしいので、むかしから　せかい中で
かわれて　きました。
やせいの　ニワトリは、虫や　草の　たねなどを　たべます。にわなどで
かわれて　いる　ニワトリは、虫や　草の　たねなどの　ほかに　トウモロコシや
さかなの　こなを　まぜた　えさを　たべます。
先が　とがった　くちばしで、こまかい　えさを　じょうずに　たべます。

ほそながい　くちばしです。
上(うえ)の　くちばしが　すこし　下(した)むきに　まがって　いますね。

なんの　くちばしでしょう？

木の　みを　たべる　キジバト

キジバトと　いう　ハトの　なかまの　くちばしです。
ハトは　いえの　まわりでも　よく　見られる　みぢかな　とりです。

ひなに　ピジョンミルクを　あたえる　キジバトの　おや

ハトは、ほそながい　くちばしで、木の　みや
草の　たねなどを　たべます。ときどき、
小さな　石や　すなも　のみこみます。
よく　うごく　いの　中に　小石や
すなを　入れ、かたい　木の　みなどを
いの　中で　こまかく　するのです。
ハトは、ミルクのような　たべもので　ひなを
そだてます。おやは、のどの　おくに　ある
ふくろから　出る　とくべつな　えきたい
（ピジョンミルク）で　ひなを　そだてます。

先(さき)が　とがった　くちばしです。
大(おお)きく　口(くち)を　あけて　いますね。

なんの　くちばしでしょう？

ツバメの　くちばしです。
ツバメの　くちばしは
みじかいですが、口を　大きく
あける　ことが　できます。

虫を　くわえて　とぶ　ツバメ

ツバメは　虫を　たべます。とびながら　大きな　口を　あけて、とんでいる　虫を
くちばしで　はさんで　とります。
ツバメは、いえの　のき先や　えきなど、人の　いる　ばしょに　すを　つくります。
そうすれば　すが　雨に　ぬれないし、ヘビや　カラスなどに
おそわれにくいからだと　かんがえられて　います。
ひなを　そだてる　とき、おやは　１日に　なんかいも　えさを　はこびます。
ひなは、口を　大きく　あけて　きいろい　口の　中を　見せて　おやに　えさを
ねだります。ひなの　口の　中の　きいろは、「えさを　入れて」と　つたえる
あいずなのです。

えさを　ねだる　ツバメの　ひな

ふとくて　ながく　するどい　くちばしです。
カブトムシを　くわえて　いますね。

なんの　くちばしでしょう？

ハシブトガラスと　いう　カラスの
なかまの　くちばしです。
カラスは、せかい中の　いろいろな
ばしょに　すんで　います。
人の　いえの　ちかくにも
たくさん　います。

オスの　カブトムシを　くわえた　ハシブトガラス

ふとくて　ながい　くちばしで、虫や　木の　み、とりや　小さな　どうぶつなど
なんでも　たべます。人が　出した　ごみを　たべる　ことも　あります。

やせいの　セキセイインコを　くわえた　ミナミワタリガラス

虫を　とろうと　して　いる　カレドニアガラス

カラスは　とても　あたまが
よい　とりです。
ニューカレドニアに　すむ
カレドニアガラスは、木の　えだや
とげの　ある　はっぱで　どうぐを
つくり　それを　木の　あなに
入れて、中に　いる　虫を
ひきだして　たべます。
また、かたくて　われない　かいの
からを　くちばしで　くわえて
空から　おとして　わり、中みを
たべる　カラスも　います。

かいを　おとす　ハシボソガラス

うんちと おしっこが いっしょ?!

とりは　とぶために、からだを　なるべく　かるくする　ひつようが　あります。
そのため、とりは　たべた　ものが　からだの　えいように　なると、
なるべく　はやく　いらない　ものを　からだの　そとに　出します。

ふんを　する　ヒレンジャク

わたしたちは、おしっこの　出る　あなと　うんちの　出る　あなは　べつですが、とりは　あなが　１つだけ　なので、うんちと　おしっこを、「ふん」として　いっしょに　出します。ふんの中に　しょくぶつの　たねが　入って　いる　ことも　あります。

ひなの　白い　ふんを　くわえた　ツバメの　おや

ツバメの　おやは、ひなの　ふんを　くちばしで　くわえて、すの　そとに　すてに　いきます。そう　やって、すの　中を　せいけつに　して　いるのです。

とりの　ふんから、あたらしい　めが　出て　います。木の　みを　たべた　とりが、みの　中の　たねを　ふんと　いっしょに　出したのです。
しょくぶつは、とりが　みを　たべる　ことで　たねを　とおくに　はこんで　もらう　ことが　できます。

とりの　ふんから　めばえた　ノイバラ

みじかくて　先(さき)が　とがった　くちばしです。
ないて　いるようですね。

なんの　くちばしでしょう？

ジョウビタキの　くちばしです。
むねや　はらが
オレンジいろなのは、オスです。

ないて　いる　オスの　ジョウビタキ

ジョウビタキは、
先(さき)の　とがった　くちばしで、
木(き)の　みや　虫(むし)を　とって
たべます。

みを　たべる　ジョウビタキ

ジョウビタキの　オスは、なわばりを　まもる
しゅうせいが　つよいので、ガラスや　かがみに
うつった　じぶんの　すがたを　なわばりに
入(はい)ってきた　ほかの　とりだと　おもって、
こうげきする　ことも　あります。

まどに　うつった　じぶんの　すがたを　こうげきする　オス

ほそながく　先（さき）が　とがった　くちばしです。
くちばしが　きいろいですね。

なんの　くちばしでしょう？

カキの　みを　たべる　ムクドリ

ムクドリの　くちばしです。
ムクドリは、林や　ひくい　山だけで　なく、
まちや　人の　いえの　ちかくなど、
いろいろな　ばしょに　います。

とがった　くちばしで、木の　みや　虫を　たべます。
林では、木の　あなを　すに　して、ひなを　そだてます。
まちでは、人の　いえの　とぶくろの　中や、
はいすいこうなども　すに　します。

ムクドリは　大きな　むれで　とび、よるに　なると　大きな　木に　あつまって
ねむります。まちの　中の　大きな　木に　大ぐんが　あつまると、
木の　下に　たくさんの　ふんが　おちて　こまる　ことも　あります。

ゆうがた　むれて　とぶ　ムクドリ

大きくて　するどく　とがった　くちばしです。
上の　くちばしの　先が　下むきに　まがって　いますね。

なんの　くちばしでしょう？

トビの　くちばしです。
むかしから「トンビ（トビ）に
あぶらあげを　さらわれる」と　いう
ことばが　あります。
おもいがけず　たいせつな　ものを
とられる　ときに　つかいます。
トビが　むかしから、
人の　くらしの　ちかくに
いた　ことが　わかります。

さかなを　はこぶ　トビ

すの　ざいりょうを　はこぶ　トビ

トビは、ワシや　タカの　なかまです。
さかなや　どうぶつの　にくを　たべます。
生きて　いる　どうぶつ　だけでなく、
しんだ　どうぶつや　人が　出した　ごみなど
いろいろな　ものを　たべます。するどい
くちばしで、にくを　ひきちぎって　たべます。
すは　木の　上に　えだなどを　あつめて
つくります。すの　ざいりょうは、
くちばしで　くわえて　はこびます。

はばの　ひろい　くちばしです。
水草(みずくさ)を　たべて　いるようですね。

なんの　くちばしでしょう？

水草を　たべる　カルガモ

カルガモの　くちばしです。
カルガモは、オスも　メスも　おなじ　いろを　して　います。
くちばしの　先が　きいろいのが　とくちょうです。

カルガモは、みずうみや　川などの　みずべで　くらして　いますが、
まちの　こうえんの　いけなどでも　見られます。
はばの　ひろい　くちばしで、水草や　しょくぶつの　たねなどを　たべます。

はるに　なると　みずべで　たまごを　うみ、ひなを　そだてます。
ひなは、たまごから　かえると　すぐに　おやに　ついて、
あるいたり　およいだり　する　ことが　できます。ひなが
かえる　なつの　はじめには、おやの　あとに　ついて　およぐ
ひなの　すがたを　見る　ことが　できます。
水から　上がると、くちばしで　ていねいに　はねの
手入れを　します。「はづくろい」と　いいます。

▲およぐ　カルガモの　おや子　▼はづくろいを　する　カルガモの　おや子

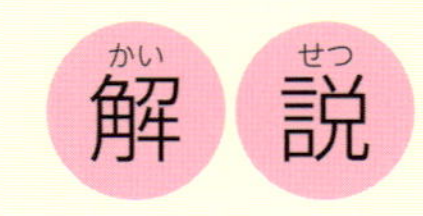

街にすんだり、人に飼われたりする、身近な鳥たち

鳥の中には、野山や水辺を離れ、人里近くにすむようになったものもいます。また、食用やペットとして人に飼われている鳥もいます。身近な鳥たちは、その姿を間近で観察することができます。くちばしの形や、その使い方をよく見てみましょう。

植物の種子や昆虫を食べるスズメのくちばしは、花の蜜をなめるメジロのくちばしと比べて、太くて短いです。スズメも花の蜜を食べますが、くちばしや舌の形が蜜をなめるのに向いていないため、花を、元からつまみ取って蜜を食べてしまいます。カラスは、太いくちばしでゴミ袋を破いて中の生ゴミを食べたり、巣材にするために、くちばしで針金のハンガーを運んだりします。魚などを食べるトビのくちばしは、先が鋭く曲がっています。

ニワトリはピンセットのようなくちばしで、インコは先のとがったくちばしで餌を食べます。飼い鳥は、くちばしの使い方をじっくり観察することができます。

軒下などに巣を作るツバメは、ひなを育てる様子も観察できます。ひなたちが、大きな口を開けて餌をねだりながら成長する姿を見るのは楽しいものです。ひと月近くも親に餌を運んでもらうツバメのひなと違い、カルガモのひなは、生まれてすぐに歩いたり泳いだりすることができます。親子で、餌を食べたり、くちばしを使って羽づくろいをしたりする姿も見られます。

ハトが、石や砂をのみこむのを見ることがあります。鳥には歯がないので、筋肉質が発達した胃である「砂のう（「筋胃」ともいいます）」で、のみこんだ実などを、その石や砂を使って細かくするのです。

身近な鳥は、物語や歌の中にも登場します。今、もっとも身近な鳥のひとつであるスズメの数が減っていると言われています。身近な鳥が身近でなくなることは、自然環境が失われるだけでなく、文化を失うことでもあります。人の身近にいる鳥たちを大切にしたいものです。

くちばしのずかんシリーズ　全3巻

村田浩一　監修

鳥のくちばしは、さまざまな形をしています。大きいものや小さいもの、平らなものやとがったもの。いずれも、食べもののとり方やくらし方に合った形をしています。くちばしの形から、鳥たちの生態が見えてきます。さらに、鳥の進化や、コミュニケーションの方法などについても知ることができます。見返しでは、実際のくちばしの大きさも紹介しています。

のやまのとり

キツツキ・オウム・ハチドリほか

木をたたいて穴をあけて中の虫を食べるキツツキの鋭くとがったくちばしや、種のかたい殻も割ることができるオウムの太くて大きなくちばし、花の蜜を吸うハチドリの細くて長いくちばしなど、森や林、草原にくらす鳥たちのくちばしを紹介します。

キツツキ／オウム／ハチドリ／オニオオハシ／タカ／フクロウ／キーウィ／フィンチ／イスカ／ハチクイ／ヨタカ／ハタオリドリ

みずべのとり

カワセミ・シギ・タンチョウほか

水に飛びこんで魚をとらえるカワセミの鋭くとがったくちばしや、獲物やそのとり方に合った形をしたシギの仲間のくちばし、湿原でえさをとるタンチョウの細長いくちばしなど、海や湖や川などにくらす鳥たちのくちばしを紹介します。

カワセミ／シギ／ヘラサギ／タンチョウ／ペリカン／フラミンゴ／ハクチョウ／ハシビロコウ／ヘビウ／クロハサミアジサシ／ニシツノメドリ／ペンギン

みぢかなとり

スズメ・メジロ・カラスほか

植物の種や昆虫を食べるスズメの短くて太いくちばしや、花の蜜をなめとるメジロの細くて少し長いくちばし、昆虫から鳥、小さな動物や生ゴミまで食べるカラスの太くて長いくちばしなど、街で生きる鳥や人に飼われてくらす鳥たちのくちばしを紹介します。

スズメ／メジロ／ヒヨドリ／インコ／ニワトリ／ハト／ツバメ／カラス／ジョウビタキ／ムクドリ／トビ／カルガモ

※「くちばしのずかん」シリーズでは、基本的に鳥の名前を種名で紹介しています。和名については、もっとも一般的なものを採用しました。「キツツキ」のようにグループ名（分類群名）のほうが親しまれているものは、グループ名も同時に紹介し、その特徴も解説しています。

■編集スタッフ
編集／ネイチャー＆サイエンス
（三谷英生・荒井 正・野見山ふみこ）
写真／アマナイメージズ
文／野見山ふみこ
イラスト／マカベアキオ
装丁・デザイン／鷹觜麻衣子

くちばしのずかん
みぢかなとり スズメ・メジロ・カラスほか
初版発行　2015年3月　第13刷発行　2023年1月

監修　村田浩一
発行所　株式会社 金の星社
〒111-0056　東京都台東区小島1-4-3
TEL 03-3861-1861（代表）　FAX 03-3861-1507
振替 00100-0-64678　ホームページ https://www.kinnohoshi.co.jp
印刷　株式会社 広済堂ネクスト
製本　東京美術紙工

NDC488　32ページ　26.6cm　ISBN978-4-323-04139-1

ほんとうの 大きさ

ツバメの　ひな

(『みぢかなとり』18 ページ)

小さな　からだで
くびを　せいいっぱい　のばし、
口を　大きく　あけて、
おやに　えさを　ねだります。

フクロウ

(『のやまのとり』16 ページ)

するどく　とがった
くちばしです。
くちばしは　小さいのですが、
口を　大きく　あける
ことが　できます。